JN096038

もくじ

\くらべてわかる！/

こんちゅう図鑑
食べ物とすみか

監修●須田研司

童心社

はじめに
守りたい、こんちゅうたちの「食べ物」と「すみか」

　地球上のいろいろな場所でくらすこんちゅうたち。わたしたちがすぐには気がつかない場所、草むらや木のみき、はっぱのうら、くち木の中、石の下、土の中、池や沼、川の中……などに、ひそむようにくらしています。かれらのすみかは、食べ物をさがすえさ場だったり、敵から身を守るためのかくれ場所だったり、たまごをうむ場所だったりします。それぞれの体のつくりや大きさ、色、食べ物など、とくちょうに合った場所です。

　こんちゅうは、できるだけあらそいをしないように、すみ分けをしています。生活する場所はもちろん、うまれる時期や活動する時間、食べ物の種類や部位などをずらしているのです。こんちゅうたちの生活は、絶妙なバランスの上になり立っているのですね。

　近年、土地開発や公害、そして人間がほかの地域からもちこんだ外来生物によって、こんちゅうたちがすみかやえさ場をうばわれたり、食べられたりして、大きな問題となっています。こんちゅうたちの「食べ物」と「すみか」を守るために、まずは、どんな場所にどんなこんちゅうたちがくらし、なにを食べているのか、この本で見てみましょう。

須田研司（むさしの自然史研究会）

写真と絵でわかる
食べ物とすみか

この本の見方を
紹介するよ

※18〜19ページのショウリョウバッタを例にしています。

●「食べ物」と「すみか」の写真（幼虫・成虫）

幼虫と成虫に分けて、「食べ物」と「すみか」を写真で紹介。「食べ物」と「すみか」はべつべつのこともあるし、同じ場所にあることもあるよ。

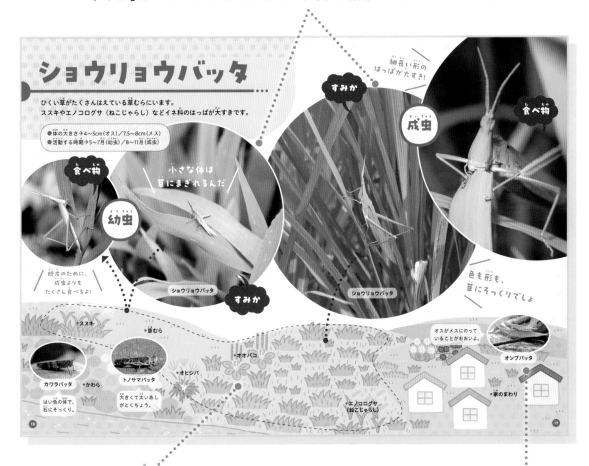

細長い形の
はっぱが大すき！

すみか

成虫

食べ物

ショウリョウバッタ

ひくい草がたくさんはえている草むらにいます。
ススキやエノコログサ（ねこじゃらし）などイネ科のはっぱが大すきです。

● 体の大きさ→4〜5cm（オス）／7.5〜8cm（メス）
● 活動する時期→5〜7月（幼虫）／8〜11月（成虫）

食べ物

小さな体は
草にまぎれるんだ

幼虫

脱皮のために、
成虫よりも
たくさん食べるよ！

ショウリョウバッタ

すみか

ショウリョウバッタ

色も形も、
草にそっくりでしょ

●ススキ

●草むら

カワラバッタ

はい色の体で、
石にそっくり。

●かわら

トノサマバッタ

大きくて太いあし
がとくちょう。

●オヒシバ

●オオバコ

●エノコログサ
（ねこじゃらし）

オスがメスにのって
いることがおおいよ。

オンブバッタ

●家のまわり

18

19

●「すみか」の絵

こんちゅうのすんでいる場所が、絵でもひと目でわかるよ。

●なかまたちの「すみか」

紹介しているこんちゅうににた、なかまたちのすみかやとくちょうもわかるよ。

※すみかは一例です。

モンシロチョウ

成虫は、アブラナ（なのはな）やタンポポなどのみつをすいます。
幼虫は、キャベツやダイコンなどアブラナ科のはっぱを食べて
育ちます。そのはっぱにたまごをうむため、成虫もその近く
で見られます。

- ●体の大きさ➡4.5cmくらい（はねを広げた長さ）
- ●活動する時期➡春〜秋（幼虫、成虫。さなぎで冬をこすことも）

キャベツのはっぱで
大きくなるよ

幼虫

食べ物
すみか

モンシロチョウ

チョウの幼虫はきまっ
た植物のはっぱを食べ
るので、成虫はその植
物にたまごをうみにく
る。成虫はべつの植物
のみつをすう。

キャベツ畑

ニンジン畑

キアゲハ

幼虫はニンジ
ンのはっぱ。

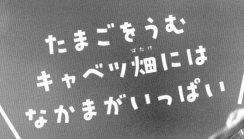

たまごをうむ
キャベツ畑には
なかまがいっぱい

ストローみたいな口は
花のみつをすうのにぴったり！

食べ物

モンシロチョウ

成虫

すみか

モンシロチョウ

●アブラナ（なのはな）

●アブラナ（なのはな）

アゲハ

●クスノキ

●ミカン

アオスジアゲハ

クロアゲハ

幼虫はミカン
のはっぱ。

幼虫はクスノキのは
っぱ、成虫はヤブガ
ラシなどのみつ。

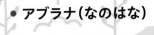

幼虫はパンジー
などのはっぱ、
成虫はコスモス
などのみつ。

ツマグロヒョウモン

●ヤブガラシ

アオスジアゲハ

●パンジー

●ツツジ

成虫はツツジ
などのみつ。

キアゲハ

クロアゲハ

アゲハ

セイヨウミツバチ

ハチミツをとるために、人にかわれているハチで、巣箱をすみかにしています。幼虫は巣箱の中で、はたらきバチにえさをもらって育ちます。成虫（はたらきバチ）は巣から3kmくらいのはんいを、みつや花粉をあつめて飛びまわります。

● 体の大きさ→1.3cmくらい（はたらきバチ）／
1.7cmくらい（女王バチ）／
1.2cmくらい（オスバチ）
● 活動する時期→3〜6月、9〜10月（成虫）

セイヨウミツバチ

食べ物

はたらきバチは花のみつや花粉をあつめるよ

花粉だんご
体についた花粉を、後ろあしにあつめて「花粉だんご」をつくる。

成虫

巣箱の中になんまいも入っている「巣枠」に巣をつくるよ

すみか

セイヨウミツバチ

●ミカン
●ソバ
●レンゲ
●リンゴ
●ラベンダー
●アブラナ（なのはな）
●シロツメクサ
●シナノキ
●トチノキ

6

ローヤルゼリーや
花粉、ハチミツを
もらって育つよ

ニホンミツバチの巣

日本にもともといるニホンミツバチは、セイヨウミツバチよりひとまわり小さい。自然の中にいることが多く、木のあなに巣をつくる。春〜夏に、新しい女王バチに巣をゆずり、古い女王バチがむれをつれてひっこす「分蜂」がおこなわれる。

幼虫

セイヨウミツバチ

食べ物 すみか

六角形のひみつ

ハチの巣は六角形の「巣房」という小さい部屋がたくさんあつまってできている。六角形は、すくないかべの材料で広くてじょうぶな巣をつくるのにぴったりの形。子育て用の部屋、花粉をためる部屋、花のみつからハチミツをつくる部屋がある。

ニホンミツバチ

●木のうろ

幼虫はあおむしなど、成虫は花のみつや幼虫の出すしるを食べる。

アシナガバチ

●木や植えこみ

幼虫も成虫も、花粉やみつを食べる。

クマバチ

●くち木

●巣箱

●家ののき下など

幼虫はこんちゅうをまるめたもの、成虫は樹液や幼虫の出すしるを食べる。

スズメバチ

●ニセ
アカシア

クロオアリ

地面の下の巣でくらす、雑食の大きなアリです。成虫（はたらきアリ）は、虫のほか、花のみつや、アブラムシからもらうみつなどをあつめ、食べます。幼虫は巣の中で、虫などのえさをこまかくしたものをもらって育ちます。

●体の大きさ→7mm〜1.2cm（はたらきアリ）／
　　　　　　1.7cmくらい（女王アリ）／
　　　　　　1.1cmくらい（オスアリ）
●活動する時期→4〜11月（成虫）

虫などをかみくだいて、幼虫に口うつしで食べさせるよ

食べ物

幼虫

すみか

ごみの部屋

まゆの部屋

幼虫を育てる部屋

たまごの部屋

クロオアリ

畑

クロオアリの巣は深さ30cm、はば1mくらい。いろいろな部屋に分かれている。

大きなえさを
みんなではこぶ
こともあるよ

クロオオアリは
ふだんは列をつ
くらず、大きな
えさをはこぶと
きだけあつまる。

食べ物

クロオオアリ

成虫

えさをおく部屋

オスアリの部屋

女王アリの部屋

かわいた地面に
巣をつくるよ

花のみつや
アブラムシの
みつをあつめるよ

クロオオアリ

クロオオアリ
とにているが、
4〜6mmと小
さい。

クロヤマアリ

山の近く

あしが長く、体は
すこし赤っぽい。
5〜8mmくらい。

アシナガアリ

林の近く

公園

植物の種を食べる。
5mmくらい。

しばふ

※体の大きさは、
はたらきアリのもの

クロナガアリ

ナナホシテントウ

日当たりのよい草むらにすんでいます。
幼虫も成虫もおもにアブラムシをつかまえ、
1日で100ぴきくらい食べます。

幼虫も成虫も
アブラムシが
大すき

● 体の大きさ → 5〜9mm（成虫）
● 活動する時期 → 春〜秋（幼虫、成虫／夏は休眠する）

幼虫

あしをつかって、じょうずにアブラムシを食べる。

ナナホシテントウ

食べ物
すみか

キイロテントウ

畑

やさいのはっぱなどにつく「うどんこ病菌」を食べる。4〜5mm。

かわら

アブラムシを食べる。

草むら

ナミテントウ

冬は、おちばや石の下で
じっとしている

成虫

すみか

冬でも、あたたかい日はアブラムシをさがしに出てくる。

ナナホシテントウ

食べ物

ナナホシテントウ

夏も、はっぱのうらでじっとしていることがおおい

すみか

ナナホシテントウ

おちば

クルミの木につくクルミハムシを食べる。1.2cmくらいあって大きい。

カメノコテントウ

草むら

雑木林

冬、おちばや石のかげなどにかたまっているのは、ナミテントウ。

ナミテントウ

おちば

たまごと幼虫の おもしろいすみか

幼虫

はっぱ

オトシブミ（ナミオトシブミ）

はっぱをくるくるとまいて、その中にたまごをうむ。はっぱのゆりかごに守られてたまごからかえった幼虫は、つつまれたはっぱを食べて大きくなる。

成虫

●体の大きさ
→8mm〜1cm

成虫

●体の大きさ
→5mm〜1cm

トックリバチ（キアシトックリバチ）

草などに、どろで1〜1.2cmくらいの小さな巣をつくり、この中にたまごをうむ。メスは巣の中に、幼虫がおとなになるまでにひつようなえさをつめこむ。えさはガの幼虫をますいでうごけなくしたもの。

どろ

どんぐり

幼虫

●体の大きさ
→1〜1.5cm

成虫

たまご

はっぱのあいだにつくられた巣。この中にたまごとえさが入っている。

シギゾウムシ（コナラシギゾウムシ）

細長い口でどんぐりにあなをあけ、たまごをうむ。たまごは安全などんぐりの中で大きくなり、ふ化する。幼虫は大きくなると、外に出てさなぎになる。

どんぐりの中にうみつけられたたまご。

たまご

こんちゅうたちの世界はきけんがいっぱい。たくさんのたまごをうんでも、おとなになれるのはほんのわずかです。安全に育つため、たまごや幼虫には、かわったすみかをもつものがいます。

幼虫

ミノガ(チャミノガ)

幼虫は、じぶんで小えだやはっぱなどで身を守るみのをつくり、その中で育つ。頭をみのから出し、近くのはっぱを食べる。成虫になると、オスはガになって外に出るが、メスははねがなく、一生みのの中にいる。交尾も産卵も、みのの中。

えだ

オス

成虫

●体の大きさ
→2.3〜2.6cm
(はねを広げた長さ)

アリジゴク

幼虫

地面

●体の大きさ
→3.5〜4.5cm

成虫

ウスバカゲロウ

メスはさらさらした地面にたまごをうみ、ふ化した幼虫はすりばち形のあなをほって、中にかくれてくらす。あなにおちてきたアリなどをつかまえて食べる。

トンボにているが、ちがうなかま。

アワフキムシ(シロオビアワフキ)

幼虫は草や木に、あわでできた巣をつくる。あわは、おしっこにロウをまぜて、あわだたせたもの。敵の虫はこのあわにおぼれてしまうので、つかまらずにすむ。

あわ

幼虫

成虫

●体の大きさ
→1.1〜1.2cm

カブトムシ・ノコギリクワガタ

クヌギやコナラのある雑木林にいます。成虫は夜に樹液をさがしに出てきて、昼間は休んでいます。幼虫はくさった木や土の中にいます。

カブトムシ：
- 体の大きさ➡3.6〜8.5cm（オス、角をふくめる）／3.3〜5.3cm（メス）
- 活動する時期➡9〜4月（幼虫）／6〜8月（成虫）

ノコギリクワガタ：
- 体の大きさ➡2.5〜7.4cm（オス、大あごをふくめる）／2.5〜4.1cm（メス）
- 活動する時期➡1年中（幼虫）／6〜8月（成虫）

昼は木の下のおちばの中で休む

カブトムシ

Zzz

すみか

腐葉土の中にいて、腐葉土やくさった木を食べるんだ

くさった木のねっこの中などにいて、くさった木を食べるんだ

ノコギリクワガタ

カブトムシ

食べ物すみか

幼虫

昼

ハルニレ

シラカシ

雑木林

●はっぱ
たまご形で、ふちがギザギザ。

●どんぐり
ぼうしは、うろこのようなもよう。

みきは、たてにわれていて、白っぽい。

コナラ

公園

ミズナラ

すみか

食べ物

カブトムシ

チョウ、カナブン、スズメバチなども、樹液にあつまる。

成虫

ノコギリクワガタ

ノコギリクワガタ

昼も木に
とまっていることが
あるよ

夜

クヌギ

体は大きく、大あごは太くて内側にまがっている。

オオクワガタ

コナラ

●はっぱ
細長く、ふちにはりのようなギザギザがある。

体は小さめで細く、大あごは細くてまっすぐ。

コクワガタ

●どんぐり
まるくて大きい。

クヌギ

みきは、とてもごつごつしていて、茶色っぽい。

オオカマキリ

草むらにひそみ、えものをねらいます。小さいうちはアブラムシやコバエを、大きくなるにつれて、バッタやチョウ、セミなどをつかまえて食べます。

- ●体の大きさ → 6.8〜9cm（オス）／7.5〜9.5cm（メス）
- ●活動する時期 → 4〜7月（幼虫）／8〜11月（成虫）

オオカマキリ

食べ物

すみか

幼虫

かれ草や
えだに
たまごを
うむよ

草むらに
ひそんでいるよ

アブラムシを
つかまえた!

前あしのうちがわの、むらさき
と黒のもようがとくちょう。

かわら

コカマキリ

むねのオレンジ
色がとくちょう。

チョウセンカマキリ

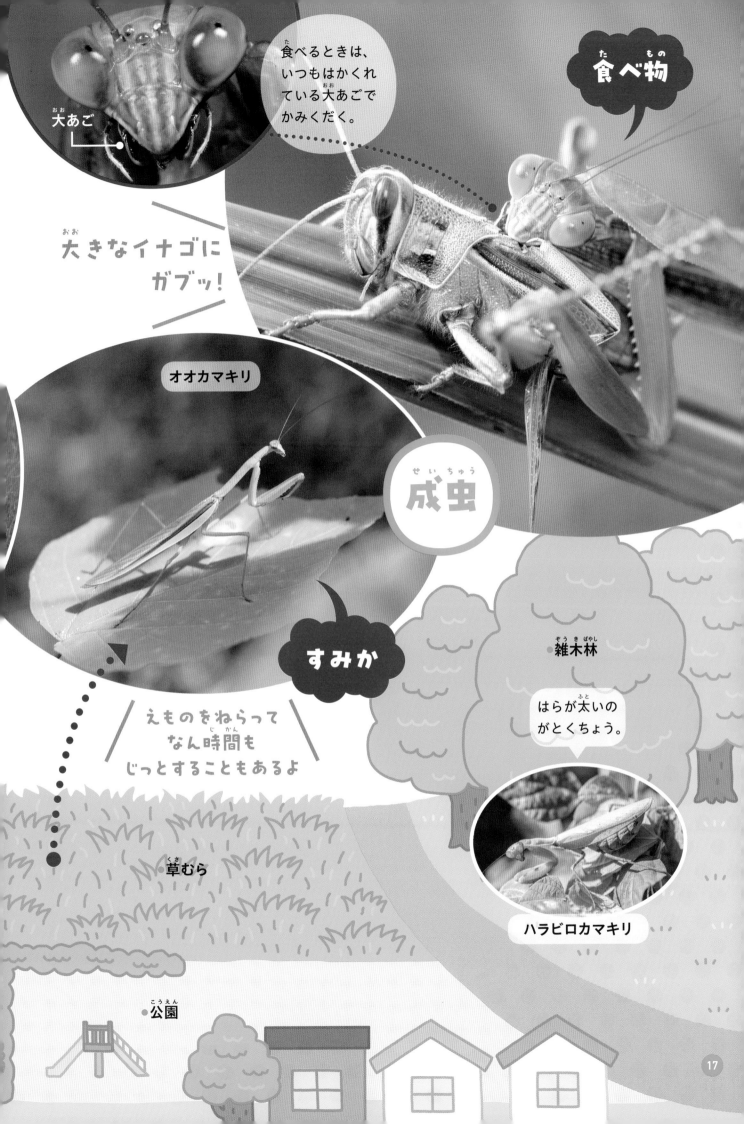

大あご

食べるときは、いつもはかくれている大あごでかみくだく。

食べ物

大きなイナゴにガブッ!

オオカマキリ

成虫

すみか

雑木林

はらが太いのがとくちょう。

えものをねらってなん時間もじっとすることもあるよ

草むら

ハラビロカマキリ

公園

ショウリョウバッタ

ひくい草がたくさんはえている草むらにいます。
ススキやエノコログサ（ねこじゃらし）などイネ科のはっぱが大すきです。

●体の大きさ→4〜5cm（オス）／7.5〜8cm（メス）
●活動する時期→5〜7月（幼虫）／8〜11月（成虫）

食べ物

幼虫

脱皮のために、
成虫よりも
たくさん食べるよ！

**小さな体は
草にまぎれるんだ**

ショウリョウバッタ

すみか

ススキ

草むら

オオバコ

カワラバッタ　●かわら

はい色の体で、
石にそっくり。

トノサマバッタ

オヒシバ

大きくて太いあし
がとくちょう。

細長い形の
はっぱが大すき!

すみか

成虫

食べ物

ショウリョウバッタ

色も形も、
草にそっくりでしょ

オスがメスにのって
いることがおおいよ。

オンブバッタ

エノコログサ
（ねこじゃらし）

家のまわり

アキアカネ

幼虫のやごは、水の中でくらし、小さな虫や魚などを食べます。
成虫は、池や田んぼなどの水辺で、小さな虫をつかまえて食べます。

● 体の大きさ→3.2〜4.6cm
● 活動する時期→春〜初夏（幼虫）／6〜12月（成虫）

アカムシにミジンコ、
メダカやオタマジャクシも
大すきだよ

すんでいるのは
水の中！

幼虫

すみか

食べ物

アキアカネ

秋、山からもどって
きて、たまごをうむ。

田んぼ

小川

はねが黒く、はね
をとじてとまる。

ハグロトンボ

かわら

川

アサヒナカワトンボ

はねがとうめいな
ものもいる。

オニヤンマ

とても大きく、黄色と黒
のもようがとくちょう。

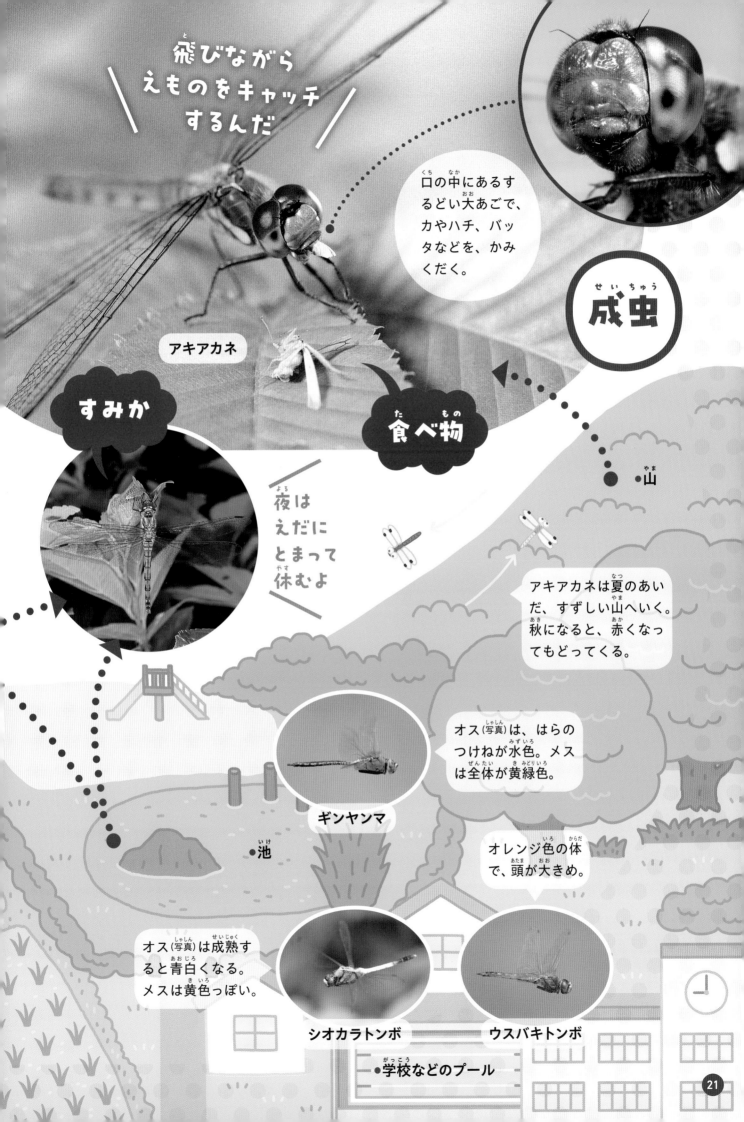

飛びながら
えものをキャッチ
するんだ

口の中にあるするどい大あごで、カやハチ、バッタなどを、かみくだく。

成虫（せいちゅう）

アキアカネ

すみか

食べ物（たべもの）

夜はえだにとまって休むよ

山（やま）

アキアカネは夏（なつ）のあいだ、すずしい山（やま）へいく。秋（あき）になると、赤（あか）くなってもどってくる。

オス（写真 しゃしん）は、はらのつけねが水色（みずいろ）。メスは全体（ぜんたい）が黄緑色（きみどりいろ）。

ギンヤンマ

池（いけ）

オレンジ色（いろ）の体（からだ）で、頭（あたま）が大（おお）きめ。

オス（写真 しゃしん）は成熟（せいじゅく）すると青白（あおじろ）くなる。メスは黄色（きいろ）っぽい。

シオカラトンボ

ウスバキトンボ

学校（がっこう）などのプール

21

水辺がすみかの虫たち

タガメ
●体の大きさ
→4.5〜6.8cm（成虫）
田んぼ、池、沼などにすんでいて、カエル、メダカなどを食べる。数がへっていて、なかなか見られない。

日本でいちばん大きい水生こんちゅう！

おしりから空気をとりこむよ

ゲンゴロウ
●体の大きさ→3.4〜4.2cm（成虫）
ため池や沼などにすんでいて、成虫は弱った魚などを食べる。数がへっていて、なかなか見られない。

おしりからのびるくだで、空気をすうよ

くだ

前あし……

タイコウチ
●体の大きさ→3〜3.5cm（成虫）
田んぼや池、流れがゆっくりな川などにすんでいる。メダカやオタマジャクシなどを食べる。前あしをうごかすようすが、たいこを打っているように見えることが名前の由来。

トンボのように、幼虫のときだけ水の中でくらすこんちゅうのほかに、成虫になってもずっと水の中でくらすこんちゅうもいるよ。

長い後ろあしをつかって背泳ぎしているよ

ガムシ
●体の大きさ→3.4〜4.2cm（成虫）
田んぼや池、沼などにすんでいる。水生植物や死んだ水生こんちゅうなどを食べる。

おなかの下に空気をためるよ

マツモムシ
●体の大きさ→1.1〜1.4cm（成虫）
池や沼にすんでいて、水面におちてきた小さな虫などを食べる。カメムシのなかま。

はねがあって、飛ぶこともできる!

カマキリににているけど、なかまではないよ。

ミズカマキリ
●体の大きさ→4〜5cm（成虫）
田んぼ、池、沼などにすんでいて、水生こんちゅうやオタマジャクシなどを食べる。

ほかにも見てみよう!
●コオイムシ→「おとなになるまで」30ページ
●アメンボ →「からだのつくり」29ページ

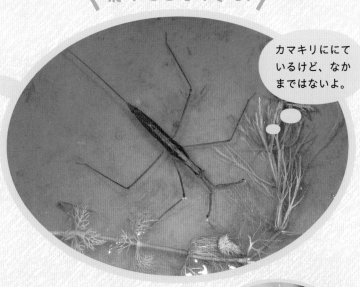

トンボと同じ!

幼虫のすみかが水の中

カゲロウ（モンカゲロウ）
幼虫は水の中でくらし、成虫になるとりくにあがる。成虫は口がなくなにも食べず、ほとんどが1日か2日しか生きられない。

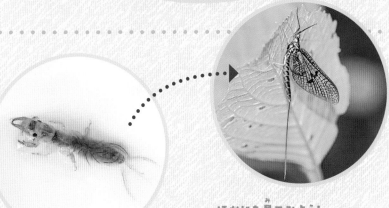

ほかにも見てみよう!
●ホタル→「からだのつくり」29ページ

アブラゼミ

幼虫は土の中でなん年もくらし、木のねっこから、樹液をすいます。
成虫は木のみきから樹液をすいます。リンゴ、ナシ、サクラなどの樹液が大すき。
鳴くのはオスだけです。

●体の大きさ→5～6cmくらい（はねの先まで）
●活動する時期→1年中（幼虫）／7～9月（成虫）

すみか

木のみきで
昼は鳴いて、
夜はじっと
休むんだ

ジリ ジリ
ジリ…

アブラゼミ

成虫

ストローみたいな
口をさして
樹液をちゅーっ！

口（口吻）

食べ物

●ケヤキ

●リンゴ

●ナシ

幼虫がほ
ったあな。

●サクラ

2〜5年、
土の中でくらすよ

食べ物

幼虫

すみか

木のねっこから
樹液をちゅーっ!

アブラゼミ

カナカナ

ヒグラシ

朝と夕方に
よく鳴くよ。

●マツ

●スギ

チ

ニイニイゼミ

ミーンミーン

昼間によ
く鳴くよ。

●ケヤキ

●モミ

ミンミンゼミ

朝から夕方に
よく鳴くよ。

午前中によ
く鳴くよ。

朝から夕方に
よく鳴くよ。

●サクラ

●雑木林

オーシー
ツクツク

セミによってす
きな木もあるが、
わりといろいろ
な木で見られる。

シャー
シャー
シャー

ツクツクボウシ

クマゼミ

オカダンゴムシ

ダンゴムシはこんちゅうではなく、エビやカニと同じなかま。
ひかげで、しめっている場所が大すきです。
幼虫も成虫も雑食ですが、よくおちばを食べます。

- 体の大きさ→1〜1.4cm
- 活動する時期→3〜10月（幼虫、成虫）

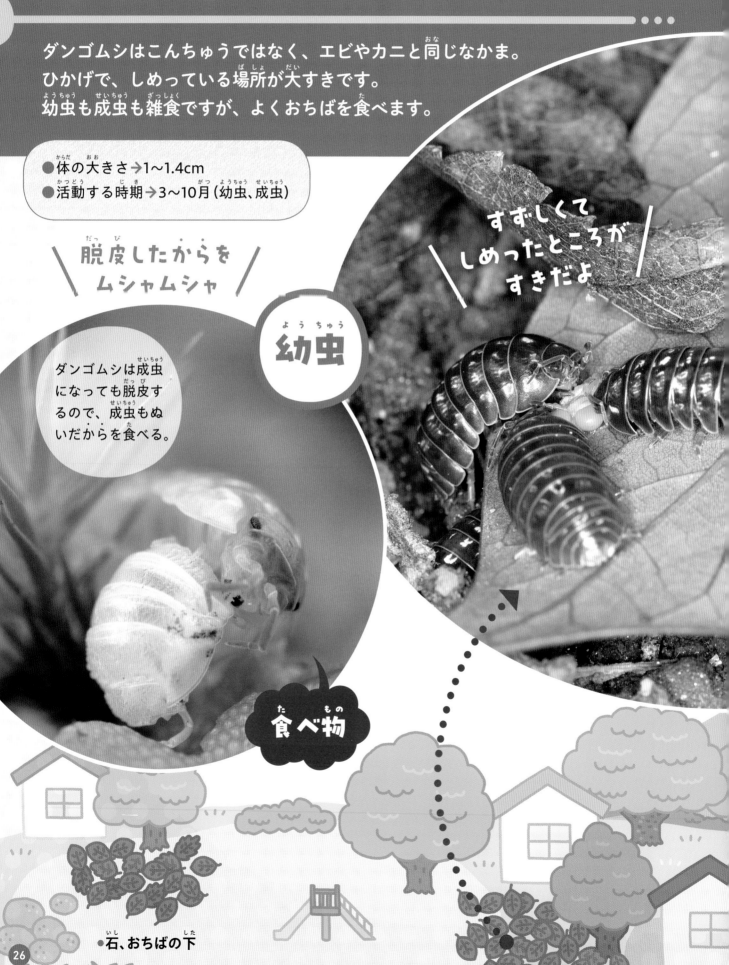

＼ 脱皮したからを
ムシャムシャ ／

すずしくて
しめったところが
すきだよ

幼虫

ダンゴムシは成虫
になっても脱皮す
るので、成虫もぬ
いだからを食べる。

食べ物

・石、おちばの下

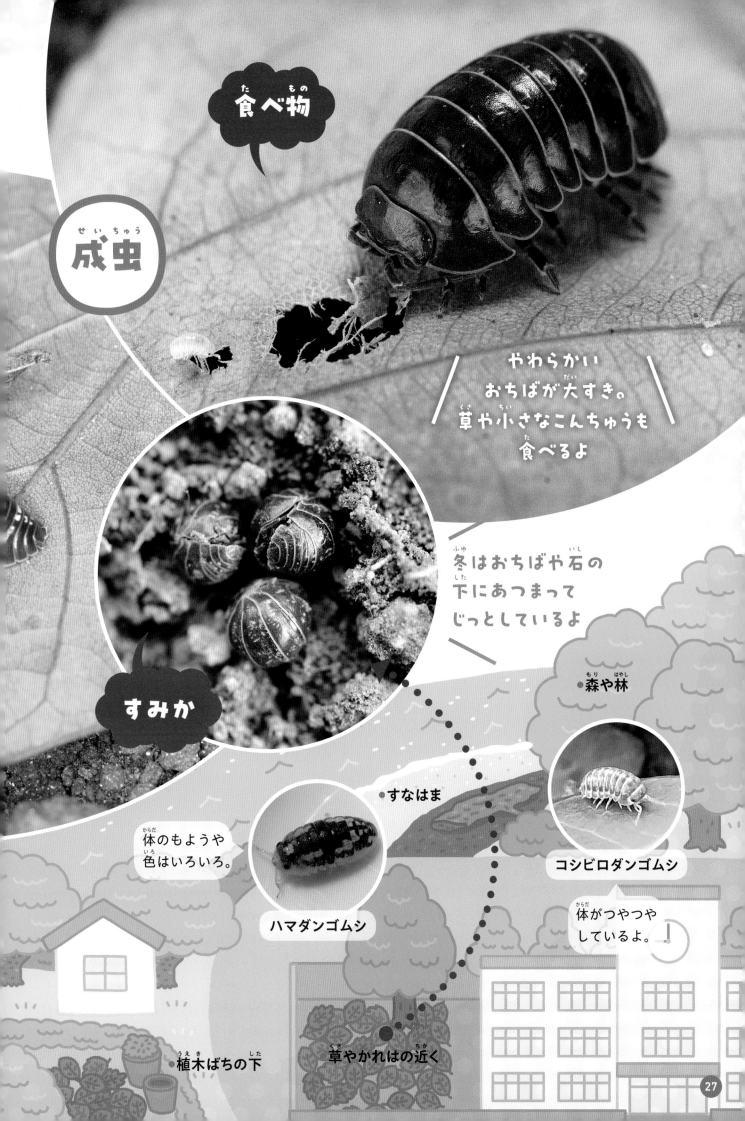

食べ物

成虫

やわらかい
おちばが大すき。
草や小さなこんちゅうも
食べるよ

冬はおちばや石の
下にあつまって
じっとしているよ

森や林

すみか

すなはま

体のもようや
色はいろいろ。

コシビロダンゴムシ

体がつやつや
しているよ。

ハマダンゴムシ

植木ばちの下

草やかれはの近く

ナガコガネグモ

クモはこんちゅうではなく、サソリやダニと同じなかま。巣をはって、そこにかかったハエやバッタ、トンボなどのこんちゅうを食べます。

- ●体の大きさ→6mm～1cm（オス）／1.8～2.5cm（メス）
- ●活動する時期→春～夏（幼虫）／8～10月（成虫）

すみか

幼虫

食べ物

幼虫の巣は
ギザギザの
かくれおびが
目立つよ

ユスリカを
つかまえた!

ナガコガネグモ

おなかのしまも
ようが太いよ。

●草むら

●草むら

コガネグモ

●畑

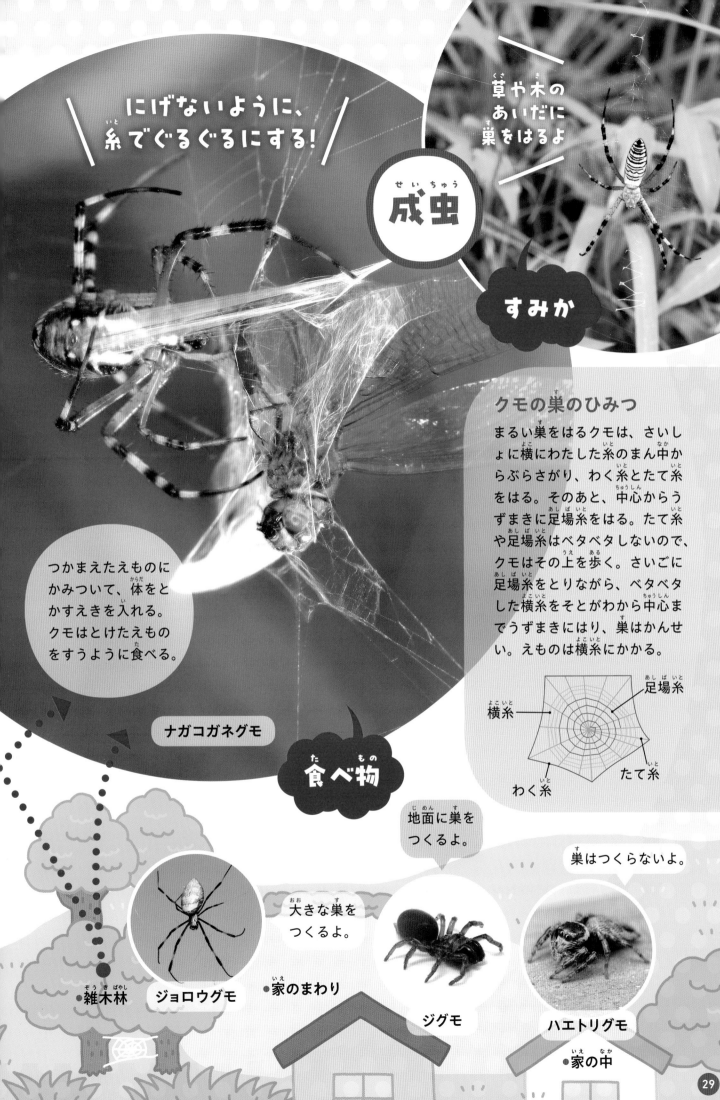

にげないように、
糸でぐるぐるにする！

草や木の
あいだに
巣をはるよ

成虫（せいちゅう）

すみか

つかまえたえものに
かみついて、体（からだ）をと
かすえきを入れる。
クモはとけたえもの
をすうように食べる。

ナガコガネグモ

クモの巣（す）のひみつ

まるい巣をはるクモは、さいし
ょに横（よこ）にわたした糸（いと）のまん中（なか）か
らぶらさがり、わく糸（いと）とたて糸（いと）
をはる。そのあと、中心（ちゅうしん）からう
ずまきに足場糸（あしばいと）をはる。たて糸（いと）
や足場糸（あしばいと）はベタベタしないので、
クモはその上（うえ）を歩（ある）く。さいごに
足場糸（あしばいと）をとりながら、ベタベタ
した横糸（よこいと）をそとがわから中心（ちゅうしん）ま
でうずまきにはり、巣（す）はかんせ
い。えものは横糸（よこいと）にかかる。

横糸（よこいと）

足場糸（あしばいと）

たて糸（いと）

わく糸（いと）

食（た）べ物（もの）

地面（じめん）に巣（す）を
つくるよ。

巣（す）はつくらないよ。

大（おお）きな巣（す）を
つくるよ。

雑木林（ぞうきばやし）

ジョロウグモ

家（いえ）のまわり

ジグモ

ハエトリグモ

家（いえ）の中（なか）

どこにいる?
虫たちのめくらまし大作戦

どっちが顔?

トラフシジミ
本当の顔がどこかわかりにくくさせて、敵をこんらんさせる。

どこにいるの?

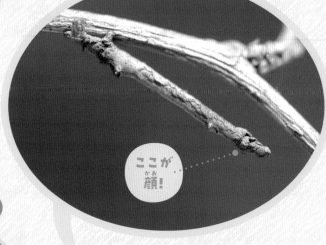

ここが顔!

かれはじゃないの?

上から見ると…

クワエダシャク(幼虫)
木のえだそっくりな体で、敵をだます。

ムラサキシャチホコ
はねがかれはそっくり。まるまっているように見えるけど、はねは平ら。

ハチ…じゃないよ!

トラフカミキリ
強いどくをもったスズメバチににせることで、食べられないようにしている。

えものをおびきよせたり、敵に食べられないようにするために、
虫たちはいろいろなくふうをしているよ。

ニイニイゼミ
木のみきにそっくりにして、鳥などに見つからないようにしている。

そこにいたの?

鳥のふんにそっくり!

トリノフンダマシ
鳥のふん(うんち)のまねをして、おいしくないよ〜とアピールしている。クモのなかま。

こっちも見てみよう!
● えだにそっくり「ナナフシモドキ」→「おとなになるまで」30ページ

外国にもいる!

おもしろいこんちゅうたち

花にそっくり!

コノハムシ (東南アジア)

コノハチョウ
(東南アジア)
沖縄や奄美諸島にもいる。

ハナカマキリ
(東南アジア)
幼虫は花びらみたいな体で、えものをおびきよせる。

はっぱみたい!

はっぱやかれはそっくりに見せて、見つからないようにしている。

さくいん

監修●**須田研司**（むさしの自然史研究会）

むさしの自然史研究会代表。多摩六都科学館や武蔵野自然クラブで、子どもたちに昆虫のおもしろさを伝える活動に尽力している。監修に『みいつけた！がっこうのまわりのいきもの〈1〜8巻〉』（Gakken）、『世界の美しい虫』（パイインターナショナル）、『世界でいちばん素敵な昆虫の教室』（三才ブックス）、『はじめてのずかん　こんちゅう』（高橋書店）など多数。

くらべてわかる！ こんちゅう図鑑　食べ物とすみか

2024年3月15日　第1刷発行
2024年7月8日　第2刷発行

監修●須田研司
監修協力●井上暁生、近藤雅弘
イラスト●森のくじら
装丁・デザイン●村﨑和寿

編集協力●グループ・コロンブス

発行所●株式会社童心社
　　　　〒112-0011　東京都文京区千石4-6-6
　　　　電話　03-5976-4181（代表）　03-5976-4402（編集）
印刷●株式会社加藤文明社
製本●株式会社難波製本

写真●海野和男、北添伸夫、小島一浩、阪本優介、佐々木有美（多摩六都科学館）、
　　　茶山浩、アフロ、アマナイメージズ、フォトライブラリー、AdobeStock、
　　　PIXTA